LISTE

DES PRINCIPAUX TRAVAUX

DE

M. A. RIVIÈRE,

DOCTEUR ÈS SCIENCES, ANCIEN PROFESSEUR DES SCIENCES PHYSIQUES
DE L'UNIVERSITÉ ET DE GÉOLOGIE A L'ATHÉNÉE DE PARIS, ANCIEN AIDE-
NATURALISTE AU MUSÉUM D'HISTOIRE NATURELLE, ETC.

Géologie.

Travaux publiés.

1. Éléments de Géologie pure et appliquée, ou résumé d'un Cours de Géologie descriptive, spéculative, industrielle et comparative; un fort vol. in-8°, avec atlas. Paris, 1839.
2. Considérations pour servir à la classification rationnelle des terrains; un vol. in-8°. Paris, 1847.
3. Mémoire sur le terrain gneissique ou primitif de la Vendée; un vol. in-4°, avec un grand nombre de figures intercalées dans le texte. Paris, 1851.
4. Études géologiques, faites aux environs de Quimper et sur quelques autres points de la France occidentale, accompagnées d'une carte et de coupes géologiques; texte in-8°, et planches grand in-folio. Paris, 1838.
5. Mémoire sur le Groupe crétacique, ou terrains crétacés de la Vendée et de la Bretagne; texte in-8°, avec 5 planches in-8° et in-folio. Paris, 1842.
6. Notice géologique sur les environs de Saint-Maixent (Deux-Sèvres); in-8. Paris, 1839.

7. Notice sur les terrains d'atterrissement, et, en particulier, sur les buttes coquillières de Saint-Michel-en–l'Herm (Vendée) ; in-8°, avec 3 planches in-4°. Paris, 1838.

8. Note relative à certains gîtes métallifères de la partie des Alpes qui s'étend depuis les sources de la Romanche et du Drac jusqu'à la vallée de l'Isère, pour servir de point de départ à des études approfondies sur ces gîtes, sur l'exploitation des plus avantageux, et sur le traitement métallurgique de leurs minerais ; un vol. in-8°. Paris, 1850.

9. Deuxième notice sur les gîtes métallifères des Alpes ; in-8°. Paris, 1852.

10. Quelques mots sur les îles voisines des côtes de France, et, en particulier, sur l'île de Noirmoutier ; in-8°. Paris, 1836.

11. Extrait d'un mémoire sur les filons métallifères, principalement sur les filons de blende et de galène que renferme le terrain de la Grauwacke de la rive droite du Rhin, dans la Prusse, et sur le traitement métallurgique de la blende ; in-8ᵛ. Paris, 1849.

12. Coup-d'œil sur les grottes et quelques excavations analogues qui se trouvent dans les terrains anciens et dans les terrains volcaniques ; in-8°, avec planche in-4°. Paris, 1837.

13. Objection faite au Mémoire de M. Lecoq, intitulé : Des Climats solaires et des Causes atmosphériques ; Recherches sur les Forces diluviennes indépendantes de la chaleur centrale, et sur les Phénomènes glaciaire et erratique. in-8°. Paris, 1846.

14. Coup-d'œil sur les Cartes géologiques, et, en particulier, sur la Carte géologique de France, comparée à celle d'Angleterre ; in-8°. Paris, 1842.

15. Cartes géologiques sur l'échelle de 1/10000ᵉ : 1° des environs d'Olonne, 2° des environs des Chantonnay, 3° des environs de la Ramée, 4° des environs des Sards, 5° des environs de Saint-Philbert, 6° des environs de la Termelière ; 6 grandes feuilles. Paris, 1838.

16. La partie géologique du Voyage en Abyssinie exécuté par MM. Ferret et Galinier, d'après les ordres de M. le Ministre de la guerre, avec une carte géologique et plusieurs coupes. Paris, 1847-1851.

Un rapport favorable a été fait sur ce travail à l'Académie des sciences, le 28 octobre 1844.

« La partie géologique du grand travail que MM. les capitaines Galinier et
« Ferret ont soumise au jugement de l'Académie, se compose d'une carte
« du *Tigré* et du *Sémen,* coloriée géologiquement ; de neuf coupes de ter-
« rains, également coloriées, et d'un Mémoire intitulé : *Description géolo-*
« *gique du Tigré et du Sémen.*

« Pour rédiger cette description d'une partie importante de l'Abyssinie ;
« pour dresser la carte ainsi que les coupes géologiques qui l'accompagnent,
« MM. Galinier et Ferret ont recueilli sur les lieux un grand nombre d'é-
« chantillons, actuellement déposés au Jardin des Plantes ; relevé des coupes
« et formé une collection de Notes. Après le retour en France des deux
« voyageurs, M. A. Rivière a bien voulu s'associer à eux pour tout coor-
« donner suivant les lumières actuelles de la science.

« Ce travail, qui possède à un si haut degré le mérite de la nouveauté,
« présente également celui de la méthode et de la clarté. Nous pensons qu'il
« sera lu par les géologues avec un véritable intérêt, comme donnant, dans
« un cadre resserré, des idées précises sur une contrée dont la constitution
« géologique était totalement inconnue avant le voyage de MM. Galinier et
« Ferret.

« La constitution géologique de l'Abyssinie est très-variée. Il résulte, en
« effet, des observations de nos deux compatriotes, élaborées avec soin et
« intelligence par M. Rivière, que le Tigré et le Sémen présentent des ro-
« ches appartenant aux termes les plus divers de la série géologique. Ainsi,
« MM. Galinier et Ferret ont trouvé, dans le pays des *Cholios,* dans le Ti-
« gré, etc. : 1° les terrains appelés *primaires,* représentés par des *granites,*
« des *gneiss,* des *micaschistes,* des *protogines* et des *talcschistes;* 2° les
« terrains dits de *transition,* représentés par des *phyllades,* des *grauwackes,*
« des *grès,* des *calcaires,* etc. A la limite du *Tigré* et du pays des *Taltals,*
« nos deux voyageurs ont observé des terrains secondaires qui paraissent de-
« voir être rapportés au *trias* et au *terrain jurassique.* Enfin, les périodes
« tertiaires et modernes sont représentées sur les *bords de la mer Rouge,*
« dans le *Tigré,* dans le *Sémen,* dans le *Chiré,* etc., par des dépôts sédi-
« mentaires variés et par de grands massifs de roches éruptives trachytiques
« et basaltiques, indépendamment des terrains en grandes masses qui for-
« ment la charpente du pays. MM. Galinier et Ferret citent encore un nom-
« bre considérable de volcans éteints, de sources thermales, de mines de fer,
« de sel gemme (dont les Abyssins, par parenthèse, font une monnaie), de
« combustibles fossiles, etc. Leur attention s'est également portée sur les
« différents systèmes de soulèvements qui ont affecté le sol. En un mot,
« le travail que nous avons été chargés d'examiner, considère la constitu-
« tion géologique de l'Abyssinie sous tous les points de vue. Cependant il est
« très-succinct, eu égard à l'étendue du pays et à la variété d'objets qu'on
« y trouve. C'est que les auteurs se sont interdit, avec raison, les dévelop-
« pements qui les auraient exposés à sortir du cadre tracé par des faits

« exactement observés. Cette réserve est , à nos yeux , un mérite de plus.
« Pour analyser avec plus d'étendue la carte géologique de l'Abyssinie, il
« nous faudrait entrer dans des détails orographiques et topographiques qui
« nous entraîneraient trop loin.

« Il est bien désirable que MM. les deux capitaines d'état-major Galinier
« et Ferret puissent faire convenablement graver leur intéressante *carte*
« *géologique du Tigré et du Sémen*, et que M. Rivière trouve aussi dans
« cette publication la récompense des soins qu'il s'est donnés pour mener à
« bonne fin un si important travail.

> « *Commissaires :* MM. DE MIRBEL, BEAUTEMPS-BEAUPRÉ, DU-
> « MÉRIL, ISIDORE GEOFFROY-SAINT-HILAIRE, ÉLIE DE BEAU-
> « MONT et ARAGO, *rapporteur.*

(Comptes rendus hebdomadaires des séances, etc., T. XIX, p. 870.)

Travaux en manuscrits, mais dont des extraits sont publiés.

17. Mémoire sur les Terrains du groupe paléothérique de la Ven-
    dée et de quelques autres points de la France occidentale,
    accompagné de plusieurs planches de coupes et de vues.
    Ce Mémoire a été présenté à l'Académie des sciences, le 11 mai
    1840.

18. Mémoire sur le Groupe supérieur des terrains de transition et
    des terrains primitifs des anciens auteurs, dans la Vendée
    et quelques autres points de la France occidentale, accom-
    pagné de plusieurs planches de coupes et de vues.
    Ce Mémoire a été présenté à l'Académie des sciences, le 1er juin
    1840.

19. Carte géologique de la Vendée.
    Elle a été présentée à l'Académie des sciences, le 19 octobre 1835 ;
    et un rapport favorable a été fait sur ce travail, le 8 février 1836,
    par MM. Cordier et Alex. Brongniart.

« Nous avons été chargés, M. Brongniart et moi, de rendre compte d'une
« communication par laquelle M. Rivière, professeur d'histoire naturelle à
« Bourbon-Vendée, a eu pour objet de faire connaître à l'Académie qu'il
« venait de terminer une carte géologique du département de la Vendée,
« dressée sur une grande échelle, et d'annoncer les principaux résultats des
« explorations auxquelles il s'est livré. Les pièces qui nous ont été soumises
« sont : 1° une notice sur la constitution du département ; 2° une portion
« de la carte géologique ; 3° la coupe figurative d'un terrain houiller qui a

« été découvert depuis un petit nombre d'années près de Vouvant. Vos
« commissaires se sont en outre empressés d'examiner la belle collection de
« roches du département, qui a été formée par M. Rivière, et dont il a fait
« don au Muséum d'histoire naturelle

« L'extrême utilité des cartes géologiques départementales, exécutées sur
« une grande échelle, n'a pas besoin d'être rappelée. Déjà des opérations
« de ce genre ont été tentées avec succès dans plusieurs parties de la France.
« On connaît notamment les beaux résultats obtenus pour les Bouches-du-
« Rhône, le Calvados, l'Eure et la Haute-Saône. L'administration des mines
« elle-même, non contente du travail général et fondamental qu'elle a fait
« exécuter sur une petite échelle, travail que l'on pourrait presque nommer
« la grande triangulation géologique de la France, a pensé qu'elle devait se
« prononcer sur les avantages qu'il y aurait maintenant à dresser pour cha-
« que département des cartes géologiques détaillées. Une circulaire offi-
« cielle, en date du 30 août 1835, a appelé l'attention des conseils généraux
« de département sur cet objet. Dans la dernière session de ces conseils, un
« tiers environ a approuvé l'opération et a voté des fonds pour en assurer
« l'exécution.

« Le zèle de M. Rivière avait devancé toute mesure à prendre par l'ad-
« ministration pour le département de la Vendée.

« La carte dont il s'est servi comme minute, pour consigner ses observa-
« tions sur la nature des différents terrains qu'il a reconnus, et pour en tra-
« cer les limites respectives, est celle de Cassini. La portion de cette mi-
« nute qu'il a soumise, comme exemple, à l'Académie, comprend un peu
« plus du tiers de la surface du département, et en représente la partie sud-
« ouest, c'est-à-dire celle qui est bordée par l'Océan, depuis l'embouchure
« de la Sèvre Niortaise, jusqu'auprès de l'île de Noirmoutier. Cette portion
« de la minute est extrêmement remarquable par la variété des terrains
« qu'elle renferme, car la légende en fait connaître *trente et un* de différente
« espèce. Elle n'est pas moins curieuse quant à la nature de ces terrains,
« car, à l'exception d'un petit nombre de formations, on y voit figurer toute
« la série des matériaux essentiels qui entrent dans la constitution de divers
« pays d'une grande étendue ; mais en outre plusieurs roches, qui ailleurs
« sont exceptionnelles ou extrêmement rares, se trouvent ici en grandes
« masses, telles sont le quartz graphitifère et la belle roche qui porte le
« nom d'éclogite.

« M. Rivière, indépendamment des grandes désignations relatives aux
« terrains, a eu soin de placer sur sa carte, et ce, au moyen de signes par-
« ticuliers, l'indication de toutes les substances qui, bien qu'en petites masses,
« ont un intérêt pour l'économie domestique, la culture et les arts, tels que
« le kaolin, l'argile plastique, la marne agricole, le calcaire hydraulique,
« le minerai de fer et la serpentine polissable.

« La notice qui accompagne les feuilles de la carte qui ont été produites

« en explique clairement l'objet, et fait ressortir l'importance des résultats ;
« elle mentionne aussi les résultats qui sont relatifs aux feuilles qui concer-
« nent le reste du département, et elle indique que la constitution du sol,
« sans y être aussi variée, n'en est pas moins intéressante. C'est, par exem-
« ple, dans ces autres portions du département qu'est situé le bassin houiller
« de Vouvant, découvert et mis en exploitation depuis peu de temps, et qui,
« par sa position et ses produits, est destiné à jouer un rôle important,
« quand ce ne serait que pour permettre à l'agriculteur d'introduire l'em-
« ploi de la chaux comme amendement dans les terres maigres du bocage
« vendéen, et d'y opérer dans les récoltes une révolution semblable à celle
« qui, depuis environ quinze ans, a développé ses étonnants bienfaits dans
« les départements de la Sarthe et de la Mayenne, et dans une grande partie
« des départements du Calvados et de la Manche.

« L'examen des échantillons qui composent la collection que M. Rivière
« a déposée au Muséum, a confirmé ce qui est annoncé ou décrit dans sa
« notice, ou figuré sur les feuilles de sa carte. Nous avons pu vérifier non-
« seulement l'exactitude de ses déterminations de roches et de terrains,
« mais encore celles de plusieurs découvertes qui lui sont propres.

« Le travail de M. Rivière est le produit de longues et pénibles recher-
« ches. Au fur et à mesure que l'auteur en a recueilli les éléments sur le
« terrain, il les a consignés dans des journaux de voyage dont il se propose
« d'extraire un texte descriptif qu'il joindra à la carte géologique lors de sa
« publication, et qui en sera évidemment un commentaire utile et indispen-
« sable.

« En résumé, nous pensons que le travail de M. Rivière mérite l'appro-
« bation de l'Académie, et qu'il est vivement à désirer, dans l'intérêt de la
« science, de l'agriculture et de l'industrie, que l'auteur puisse publier sa
« carte géologique en l'accompagnant d'un texte descriptif suffisamment
« détaillé.

« CORDIER, rapporteur. »

(Comptes rendus hebdomadaires des séances, etc., T. II, p. 136).

20. Note sur l'âge de quelques roches d'origine ignée (protogines,
porphyres, syénites, fer oxydulé, variolites, serpentines, etc.),
présentée à l'Académie des sciences, le 3 novembre 1856.

Un extrait est imprimé dans les comptes rendus hebdomadaires
des séances de cette académie (t. XLIII, p. 857).

21. Note sur l'origine des combustibles minéraux, présentée à
l'Académie des sciences, le 25 octobre 1858.

Un extrait est imprimé dans les comptes rendus hebdomadaires
des séances de cette académie (t. XLVII, p. 646).

22. Note sur les gîtes calaminaires de la province de Santander

(Espagne), avec planches, présentée à l'Académie des sciences, le 8 novembre 1858.

Un extrait est imprimé dans les comptes rendus hebdomadaires des séances de cette académie (t. XLVII, p. 728).

23. Note sur l'accroissement, à l'époque des grandes marées, d'une source salée située au Givre, à quatre lieues environ de la mer.

Cette Note a été présentée à l'Académie des sciences, le 28 octobre 1839.

24. Note sur un nouveau gisement d'ossements d'éléphants, situé entre Joinville-le-Pont et Champigny,

Cette Note a été présentée à l'Académie des sciences, le 14 septembre 1840.

25. Considérations pour servir à la théorie du métamorphisme, ainsi qu'à celle de l'âge relatif des minéraux et des roches.

La première partie de ce grand travail a été présentée à l'Académie des sciences, le 7 avril 1845.

26. Lettre à M. Élie de Beaumont, secrétaire perpétuel de l'Académie des sciences, etc., sur les systèmes du Hundsruck et du Morbihan, sur la direction des filons qui leur correspondent, etc.

Un extrait de ce travail est imprimé dans les comptes rendus hebdomadaires des séances de l'Académie des sciences (t. XLV, p. 969).

Géologie comparée.

Travail publié.

27. Notice sur les conclusions que permet de déduire l'examen des flores et des faunes des différentes périodes géologiques, relativement aux climats de ces périodes; in-8°. Paris, 1848.

Minéralogie et Géologie.

Travaux publiés.

28. Mémoire minéralogique et géologique sur les roches dioritiques de la France occidentale; in-8°. Paris, 1844.

29. Essai sur les Roches, comprenant des généralités sur les roches, leurs déterminations et leurs classifications; in-8. Paris, 1839.

30. Annales des Sciences géologiques, ou Archives de Géologie, de Minéralogie, de Paléontologie, etc.; deux forts vol. in-8°, avec atlas. Paris, 1842 et 1843.

Minéralogie.

Travail publié.

31. Mémoire sur les Felspaths ; in-8°. Paris, 1845.

Travail en voie de publication.

32. Précis de minéralogie, comprenant les principes de cette science, la description des minéraux et des roches, leurs gisements, leurs usages, etc.; un fort vol. in-8°, avec nombreuses figures intercalées dans le texte, et un atlas in-folio. Paris, 1861.
Les premières feuilles sont imprimées.

Travaux en manuscrits, mais dont des extraits sont publiés.

33. Note sur l'apparence du défaut de symétrie de certains minéraux.
Cette Note a été présentée à l'Académie des sciences, le 2 novembre 1847.
34. Minéralogie de la Vendée, comprenant les généralités, le catalogue des espèces minérales et des roches de ce pays, des analyses chimiques, des descriptions et diverses autres considérations relatives à plusieurs substances nouvelles ou mal connues.
Ce travail a été présenté à l'Académie des sciences, le 3 août 1840.

Paléontologie.

Travaux publiés.

35. Note sur un énorme fossile trouvé dans la Louisiane; in-8°. Paris, 1837.
36. Note paléontologique, ou Description de quelques espèces animales fossiles; in-4°, avec une planche grand in-folio. Paris, 1836.

Sciences accessoires ou appliquées.

Travaux publiés.

37. La Physique, la Chimie générale, la Météorologie, la Géologie et la coordination des matières du Manuel à l'usage des aspirants au grade de bachelier ès-sciences physiques; in-18, avec planches. Paris; 1838.
38. Note sur la distillation des schistes bitumineux, accompagnée d'un projet de distillerie propre à retirer le parti le plus avantageux des matières gazeuses, liquides et solides, renfermées dans ces roches; in-8°, avec 3 planches grand in-folio. Paris, 1839.
39. Mémoire relatif au chemin de fer projeté d'Unieux à St-Étienne, avec embranchements, etc.; un vol. in-4°, avec un grand nombre de plans. Paris, 1853.
40. Revue sur la richesse en houille et en anthracite de la France. Cette notice fait partie du tome Ier du *Travail universel;* in-4. Paris, 1856.
41. Diverses autres notices se rapportant généralement à des questions géologiques ou minières.

Travail publié en partie.

42. Essai d'une description générale de la Vendée; in-4°. Paris, 1836.
   L'Introduction, la Topographie et la Zoologie ont été publiées.

Travaux en manuscrits, mais dont des extraits sont publiés.

43. Essai d'une nomenclature atomo-chimique.
   Ce travail a été présenté à l'Académie des sciences en 1834.
   Un extrait est publié dans le 2e volume des Congrès scientifiques de France, page 63.
44. Note sur les défrichements et sur la diminution des eaux des sources.
   Cette Note a été présentée à l'Académie des sciences, le 11 avril 1836.

APPENDICE.

45. Un très-grand nombre d'articles sur l'Astronomie, la Physique,
la Chimie, la Météorologie, la Géologie, la Paléontologie, la
Minéralogie, la Statistique et sur ces sciences appliquées,
dans le Dictionnaire de Physique générale, dans le Dictionnaire universel d'Histoire naturelle, dans le Dictionnaire pit-
toresque d'Histoire naturelle, dans l'Encyclopédie d'éduca-
tion, dans différents journaux, revues, etc. scientifiques, ou
dans les Recueils de sociétés savantes.

OBSERVATIONS.

Le nombre des travaux de M. Rivière s'élève à plus de quarante-cinq, sans compter les articles qu'il a publiés dans des dictionnaires, recueils, etc.

Leur ensemble comprend :

1° Neuf ouvrages généraux, parmi lesquels un Traité de minéralogie ; *id.* de géologie ; *id.* sur les roches ; *id.* sur la chaleur centrale, la classification rationnelle des terrains, les systèmes de soulèvements, etc. ; *id.* sur le métamorphisme, etc.

2° Plus de dix mémoires sur des questions spéciales de minéralogie et de géologie, parmi lesquels : Mémoire sur les felspaths ; *id.* sur l'âge de quelques roches d'origine ignée ; *id.* sur l'origine des combustibles minéraux ; *id.* sur les conclusions que permet de déduire l'examen des flores et des faunes des différentes périodes géologiques, relativement aux climats de ces périodes ; Note sur les systèmes du Hundsruck et du Morbihan, ainsi que sur la direction des filons qui leur correspondent ; *id.* sur l'apparence du défaut de symétrie de certains minéraux, etc.

3° Plus de vingt mémoires descriptifs, dont plusieurs très-étendus, parmi lesquels : Mémoire minéralogique et géologique sur les roches dioritiques de la France occidentale ; *id.* sur le terrain primitif de la Véndée ; Études géologiques faites aux environs de Quimper et sur quelques autres points de la France occidentale ; Géologie de l'Abyssinie ; Mémoire sur les terrains crétacés de la Vendée et de la Bretagne ; *id.* sur les filons métallifères que renferme le terrain de la Grauwacke de la rive droite du Rhin ; *id.* sur les gîtes calaminaires de la province de Santander ; *id.* sur les terrains du groupe paléothérique de la Vendée et de quelques autres points de la France occidentale ; *id.* sur le groupe supérieur des terrains de transition et des terrains primitifs des anciens auteurs, dans la Vendée et quelques autres points de la France occidentale; Essai d'une description générale de la Vendée; etc.

4° Deux cartes géologiques générales : celle de la Vendée et celle de l'Abyssinie.

5° Huit cartes géologiques de détail de différentes parties de la Vendée, de la Bretagne et des Alpes.

On conçoit donc que, vu le grand nombre de ces travaux, leur étendue et la variété de leurs sujets, il est impossible d'en donner une analyse. Une partie des œuvres dont on a présenté l'énumération sont publiées en totalité; pour l'autre partie, on peut se reporter aux Comptes rendus de l'Académie des sciences, au Bulletin de la société géologique, aux Annales des sciences géologiques, etc.

La plupart des idées et des théories renfermées dans les travaux de M. Rivière ont été admises par les minéralogistes ou par les géologues et sont adoptées dans les ouvrages classiques, ce qui est la meilleure approbation.

D'après les observations précédentes, il suffira d'ajouter que, parmi les résultats auxquels M. Rivière est arrivé par ses travaux, on peut citer les suivants :

Géologie.

1. M. Rivière est le premier qui ait fait et démontré la nécessité de faire des coupes géologiques en adoptant la même échelle pour les longueurs et les hauteurs, au moyen de nivellements exacts; il est aussi le premier qui ait fait des cartes géologiques sur les échelles de 1/1000, de 1/10000, de 1/20000 et de 1/30000.

2. Il a démontré que la séparation qui avait été admise entre les terrains crétacés du S.-O. et du N.-O. de la France, est beaucoup moins grande qu'on ne l'avait supposé, et qu'il y a même eu, autrefois, une liaison entre les terrains de ces deux contrées.

3. Il a déterminé mieux qu'on ne l'avait fait et a précisé le terrain primitif.

4. Il a fixé l'âge des roches amphiboliques ou dioritiques.

5. Il a aussi fixé l'âge respectif des protogines, des porphyres, des syénites, du fer oxydulé, des serpentines, des variolites, etc.

6. Il a établi que tous les dépôts houillers proprement dits n'étaient pas tous contemporains.

7. Il a donné une nouvelle théorie applicable à la formation d'une partie au moins des combustibles minéraux.

8. Il a établi les relations qui existent : 1° entre les felspaths, 2° entre les roches felspathiques.

9. Il a montré que les roches d'origine ignée de même composition normale sont de la même époque, et que les roches d'origine ignée de compositions normales différentes sont d'époques différentes; qu'il existe une relation intime entre : 1° les époques, la nature et l'étendue des phénomènes; 2° les produits.

10. Il a démontré que certaines roches, par exemple, les variolites, les ponces, les obsidiennes, etc., sont des accidents dus aux conditions physiques dans lesquelles elles ont été formées.

11. Il a signalé des affaissements et des soulèvements lents qu'éprouvent les côtes de la France occidentale.

12. Il a indiqué l'existence de deux nouveaux systèmes de soulèvements (celui de la Vendée et celui du Morbihan), et il a déterminé ces deux systèmes ainsi que leurs époques. (Voir : *Notice sur les systèmes de montagnes*, par M. Élie de Beaumont, Ier vol., pages 93, 135, 137, 138, 146; IIe vol., page 157, et IIIe vol., page 1088, ainsi que tous les ouvrages classiques de géologie.)

13. Il a confirmé, par la direction et l'âge de certains filons métallifères, l'exactitude de la détermination de l'époque du système Hundsruck qui avait été faite avec des éléments d'un autre ordre par M. Élie de Beaumont.

14. Il a aussi confirmé, par la direction et l'âge d'un ensemble d'autres filons métallifères, l'exactitude de la détermination de l'époque du système du Morbihan, système qu'il avait établi avec des éléments d'un autre ordre, que M. Élie de Beaumont a admis et que la plupart des géologues ont ensuite adopté.

15. Il a fait voir que les systèmes de rides et de cassures immédiatement successifs sont ordonnés par rapport à des axes sensiblement perpendiculaires, et d'autant moins qu'ils sont plus modernes. (Voir : *Notice sur les systèmes de monta-*

gnes, par M. Élie de Beaumont, IIe vol., pages 809 , 819, 821, et IIIe vol., page 1247, ainsi que tous les ouvrages classiques de géologie.)

16. Il a jeté quelques lumières sur les gîtes métallifères, sur leurs modes de formation, et sur les épigénies de certaines de leurs substances.

Minéralogie.

17. Il a démontré qu'on ne doit faire qu'une seule espèce minérale de toutes les amphiboles.
18. Il a signalé les particularités que présentent divers minéraux (Epsomite, Boracite, etc.), et qui doivent modifier les interprétations du défaut de symétrie de ces substances.
19. Il a eu le premier l'idée que l'eau peut jouer le rôle de corps isomorphe dans la composition des minéraux (Mémoire sur les roches dioritiques de la France occidentale, p. 9).
20. Il a établi que les différentes formes cristallines des minéraux résultent principalement des conditions physiques au milieu desquelles ils ont été produits; en sorte que l'on peut souvent apprécier le mode de formation et les circonstances physiques par les formes cristallines, ce qui est le point de vue le plus philosophique de la cristallographie pour le naturaliste.
21. Il a fait voir que la plupart des minéraux de l'Auvergne et du Velay qui étaient regardés comme des corindons, sont des cordiérites, et que les surfaces nettes qu'ils présentent résultent d'un étonnement de la substance soumise à des changements brusques de température. (Les analyses faites par M. Damour, sur l'invitation de M. Rivière, ont confirmé cette opinion.)
22. Il a reconnu que généralement les cristaux artificiels ne sont pas fixes comme les cristaux naturels ni de constitution identique, et que par conséquent ils n'ont pas pour la minéralogie toute l'importance qu'on pourrait leur attribuer.

Métallurgie.

23. Il est parvenu à traiter métallurgiquement et en grand la blende, et à reconnaître que les divers minerais désignés généralement sous le nom collectif de calamine, résultent du démantèlement des filons de blende, et de la décomposition de celle-ci.

NOTA.

Outre les ouvrages précédemment énumérés, M. Rivière a préparé et rédigé en grande partie les suivants :

1. Mémoire sur les gîtes métallifères en général, avec un très-grand nombre de cartes, de coupes et de vues géologiques.
2. Description des terrains houillers de la Vendée, avec un grand nombre de planches.
3. Description des terrains jurassiques de la Vendée, avec un grand nombre de planches.
4. Description des porphyres de la France occidentale, avec planches.
5. Description des serpentines, variolites, etc., de la France occidentale, avec planches.
6. Mémoire sur l'âge relatif des minéraux et des roches.

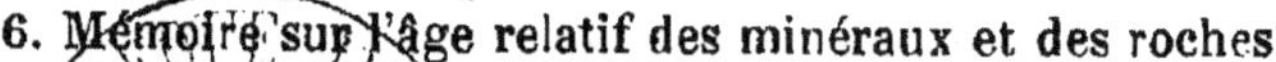

Paris. — Imprimerie de Ad. Lainé et J. Havard, rue Jacob, 56.

9 782014 440102

Thésée, lequel, assis près de l'accusatrice, semble d'un front sévère observer la contenance de ce fils intéressant, après lui avoir reproché son crime.... Celui-ci baissant les yeux, détourne la tête.... Son attitude rappelle ce beau vers :

Le jour n'est pas plus pur que le fond de mon cœur.

Un seul regard, une seule parole confondrait la coupable..... Phèdre n'ose envisager celui qu'elle a calomnié ; elle tient encore en main le glaive accusateur ; sa pâleur, ses yeux effrayés, sa bouche entr'ouverte, tout trahit, tout décèle son trouble ; l'effet des remords répand une teinte livide sur ses belles formes. Elle va parler, et la détestable Œnone, par des gestes expressifs, peut à peine l'inviter au silence et contenir l'agitation qui la tourmente.

On admire la composition simple et bien ordonnée de ce tableau, le grand goût de dessin qui y règne, le bon choix de draperies et le caractère convenable de chaque personnage. Hypolite, jeune et beau, paraît réunir la force à l'élégance des formes. Ce désordre dans ses cheveux noirs et bouclés, cet air un peu sauvage, tout rappelle l'idée qu'on s'est formée de ce jeune héros, dont la couleur est en harmonie avec la beauté. L'indignation de Thésée, qui se peint surtout dans son sourcil, est bien exprimée ; elle

(484). O fils du superbe Achille ! généreux Pyrrhus ! du haut de ce trône'ou tu es assis, daigne protéger la malheureuse Andrómaque ! Prosternée à tes pieds, elle ose implorer ton appui. Eh ! n'est-ce point assez d'avoir fait périr son époux, détrôné son père et ruiné sa patrie? Ces Grecs impitoyables veulent encore lui arracher le seul bien qui lui reste ; son cher Astianax ; vois comme il cherche à s'abriter sous la main de sa mère ! Son âge, sa candeur ne pourront-ils obtenir de toi qu'il n'en soit point séparé ? Les pleurs de la beauté sont rarement impuissans. Pyrrhus couvre de son sceptre cette mère affligée, et repoussant Oreste de son fier regard : Va, dit-il, aux Grecs qui t'envoyent, Andromaque et son fils sont désormais sous mon égide ; Astianax ne quittera point sa mère, j'ai su les conquérir, je saurai les défendre. Quoi, Pyrrhus !... un autre sentiment que la générosité serait-il le motif de ton refus ? Hermione le craint ; la jalousie et l'indignation se peignent dans ses yeux ; elle fuit ; la haine va peut-être remplacer l'amour si elle perd l'espoir de faire le bonheur de Pyrrhus !

Telle est la scène que le pinceau de Guérin vient de retracer. Il semble avoir été contemporain des héros de la Grèce. C'est le fils d'Achille, plein de fierté, de force et d'énergie ; c'est la belle, la sensible Andromaque ; c'est le charmant et dernier rejeton de la famille de Priam ; c'est Oreste, dont le vêtement d'ambassadeur modère la fougue et cache l'habit guerrier ; enfin, c'est encore la superbe et jalouse Hermione !

Guérin, tu fais revivre pour nous ces fictions héroïques dont la fable et la poésie ont fait leur patrimoine ! La pureté du dessin, la couleur et l'expression, tout dans ces personnages satisfait également. Il n'y a point d'affectation dans les détails anatomiques ; ils sont exprimés, mais voilés comme dans la nature. Les draperies sont larges de plis, d'un beau choix et d'une belle exécution. Nulle dorure, nulle richesse empruntée ne viennent détruire celle de la composition, et la noblesse du style est digne du sujet.

Les gens d'un goût sévère desireraient encore plus de légèreté dans les cheveux, plus de vapeur dans le fond du tableau, qui semble trop près de l'œil, malgré le clair qu'exige le fond cintré où est placé le trône : peut-être, disent-ils encore, y a-t-il trop de blanc répandu dans le tableau, ce qui lui donne l'air un peu bas-relief. Les meubles accessoires devraient être en bronze, d'une forme plus antique ; ils semblent peints en bois et à la moderne ; mais ces détails peu intéressans ne doivent pas altérer la juste admiration qu'une telle composition a droit d'attendre des connaisseurs.

LETTRE V.

Nous venons, mon ami, d'être transportés aux rives du Scamandre ; mais ce théâtre héroïque n'a point suffi à Guérin ; et voulant s'élever encore au-dessus de ses dernières conceptions, il a cherché dans la voute éthérée le sujet du tableau que je vais décrire.

(485). La beauté de Céphale, époux de Procris, avait, mais inutilement, frappé l'Aurore. Profitant de son sommeil, elle appelle l'Amour à son aide ; il accourt d'une aile rapide pour enlever avec elle cet insensible amant. Céphale est couché sur des nuages que sa draperie verte recouvre ; il a la tête un peu renversée. L'Amour le prend par la main et l'attire vers la blonde déesse qui, couronnée de fleurs, chasse derrière elle les sombres voiles de la nuit et éclaire de son astre brillant ce charmant mortel, ainsi que les nuages qui l'environnent ; le sourire de l'espoir est sur les lèvres de l'Aurore ; une tunique transparente voile une partie de ses attraits ; élevant ses beaux bras au-dessus de Céphale, elle parsème de roses l'espace aérien qu'il doit parcourir, afin d'embellir son réveil.

J'avoue qu'à sa première exposition ce tableau m'avait séduit ; cette composition porte avec elle ce charme que les rêves de la mythologie des Grecs font naître. L'exécution m'en paraissait convenable au sujet, la beauté de Céphale, le dessin de ses formes, qui ont l'agrément de celles d'une femme, le ton des chairs, tout me paraissait concourir à l'effet heureux qu'il produisait ; mais le temps a marqué son passage sur ce tableau et en a dérangé l'harmonie en poussant au noir le bleu du ciel, en rendant les voiles de la nuit un peu cruds et les ombres des chairs moins transparentes. On ne peut non plus se dispenser d'observer qu'il existe une similitude singulière entre la pose de l'Endymion de Girodet et celle du Céphale ; le premier doit donc avoir la priorité sur l'agrément de cette attitude. Les gens de goût trouvent un peu d'afféterie dans la tête de l'Aurore et quelque chose de grêle dans ses formes.

On ne peut passer sous silence une bagatelle échappée au pinceau de Guérin ; c'est un petit portrait de femme, coiffée d'un fichu de couleur, dont la physionomie et l'expression sont d'une finesse et d'un agrément parfaits ; la couleur est vraie, mais le ciel un peu trop crud en détruit l'effet et l'harmonie.

FIN DE LA PREMIÈRE SEMAINE.